QVADRATV
DV CERCLE.

Ou moyen de trouver un Quarré égal au Cercle donné:
& au contraire un cercle égal au Quarré proposé.

Ensemble,

LE DOVBLE DV CVBE.

Inventée & trouvée par PAVL YVON, *Escuyer Seigneur
de la Leu, l'un des Eschevins de la Rochelle.*

Avec les esclaircissemens par Operations Numerales: & la parfaicte proportion du Diametre à la Circonference. Donnée
& adjoustée par MARTIN VANDER-BIST, Mar-
chand habitant de la Rochelle.

A LA ROCHELLE.
De l'Imprimerie de HIEROSME HAVLTIN.
Par CORNEILLE HERTMAN. 1619.

A IEAN BERNE,

ESCVYER SEIGNEVR D'ANGOVLINS, CONSEILLER du Roy, Maire & Capitaine de la ville de la Rochelle.

MONSIEVR,
Depuis qu'il a pleu à Dieu vous faire parvenir au supreme degré d'honneur de ceste ville, par l'eslection que Messieurs ont fait de vous, pour leur chef & conducteur, selon qu'à esté par deux fois Mr. du Pont-de-la pierre vostre pere. Je me suis maintes fois representé le contentement qu'à ce pere se voyant renaistre en son fils aisné, par luy suivi en une maniere, & surmonté en l'autre, & celui du fils d'avoir esté si dignemēt precedé d'un tel pere, le sujett que tous deux ont d'en rendre graces à Dieu; & vous

A ij

maintenant, Monſieur, d'une façon plus
particuliere, puis que durant le temps de
voſtre Magiſtrature une lumiere paroiſt
en ceſte ville, qui a eſtè cachée aux hommes
depuis la creation du monde juſques à preſent, quoy qu'elle ait eſté recerchee des plus
Doctes perſonnages, conſommez és ſciences
Mathematiques, pour eſtre la clef qui donne perfection d'icelles, ſans laquelle la co-
gnoiſſance de pluſieurs autres ſciences ne
pouvoiët eſtre qu'imparfaites, c'eſt la Quadrature du Cercle & Duplication du
Cube, que Monſieur de la Leu demõſtre:
& le moyen pour les obtenir, ſi familier que
un homme tant ſoit peu verſé eſdites ſciences Mathematiques, le peut auſſi facilement comprendre, & l'infaillibilité de ſes
demonſtrations que 4. eſt l'effect provenant
de la premiere multiplication du nombre 2.
Or d'autãt que ledit Seignr de la Leu trait-
te ſommairemẽt ce ſubject, J'ay eſtimé que
ce ne ſeroit choſe ſuperflue de manifeſter la
rencontre qui ſe fait de ſes operations li-

neales avec la mienne par les calculations
des nombres. Et que je ne pourrois mieux
faire que d'en adreſſer le diſcours à celuy
dont la prudence ſçait ſagement tirer utilité de toutes choſes, & les faire valoir au
profit du public : D'ailleurs outre l'obliga-
tion au Magiſtrat que j'ay commune avec
tous les Citoyēs de ceſte ville, le biē & honneur d'eſtre particulierement cognu & ay-
mé de vous, Monſieur, me convie auſſi d'u-
ne façon plus ſpeciale a deſirer que voſtre
bon-heur allant continuellemēt s'augmentant, voſtre reputation ſoit à l'eſgal rendue
glorieuſe par tout l'univers , & voſtre nom
auſſi cognu au ciel , que voſtre renom l'eſt
desja en la terre, ce ſont les vœux de

Monſieur,

Voſtre treſ-humble ſerviteur,

MARTIN VANDER-BIST.

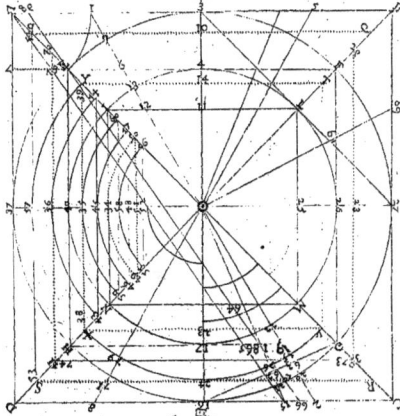

רוֹדָכֶּב

Esaie Ch. 42.

4. Esdras Ch. 5. ver. 24.

③

2   1

6   6   6

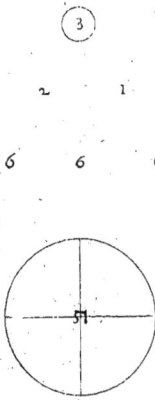

SIS

256

128

64

32

16

3·3·8 & 3

2·4 2' 2

2 2e 1

1 No

EXPLICATION

DONNEE PAR LE SEIGNEVR DE LA LEV, SVR LA FIGV-re Mathematique lineale, par lui con-ceuë & inventee , pour trouver la vraye Quadrature du Cercle, & dou-ble du Cube, par raisons & fonde-mens Mathematiques.

Maxime.

Tout cercle peut estre parfaicte-ment contenu au quarré, le co-sté duquel soit egal à son dia-metre , & le cercle iustement contenir autre quarré provenãt de la mipartition des deux dia-gonales du premier double du second : D'où s'ẽfuit que le Cercle de tout poinct equidistant de son centre passant par les deux extremitez des lignes faisant le costé du quarré mineur, & touchant le terme mitoyen de celles du majeur: ce que le cercle contient plus que le quarré mi-neur, est la capacité equidistante dudit mineur

contenu, au majeur contenant:Partant qu'obte-
nant la quadrature dudit Cercle, ou un quarré
de mitoyenne capacité aux deux autres en double proportion,c'eſt faire meſme choſe.

Conſequence.

Ce fondement poſé pour obtenir ceſte quadrature du cercle,& equidiſtante capacité, entre
pluſieurs moyens qui peuvent eſtre propoſez,
tous fondez en raiſon, ceſtui-ci eſt indubitable:
puis que de la figure miſe au commencement de
ce diſcours,la ligne A, E, excez du diametre du
cercle majeur joint l'extremité des lignes qui
font le coſté des quarrés majeur A, B, C, D, &
mineur E, F, G, H, en double proportion de capacité,& que la ſuſdite ligne A, E, eſt diagonale
de la mitoyenne 3. 4. ſelon que celle de A, B,
l'eſt de E, F, A, E, 3. 4. extraictes d'un meſme
principe qui eſt le centre, o, celuy de toute la figure & figures y incorporées. Si pour ſouſtraire
le plus du plus, & moins du moins,une tierce ligne eſt tirée du ſuſdit cêtre,o, aboutiſſant à l'angle 1. l'eſpace de A,1. eſtant égal à celuy de A,E,
& E,6.à 3.4.de meſmes 1.3.à celui de 7.6.& A,1,à
6.4. Il s'éſuit neceſſairemēt que la ligne acquiſe
1.6.a une lōgueur vrayemēt equidiſtāte des deux
autres A,E,3.4. partant que l'angle 9. qui ſe fait
par elle au cercle majeur,par tout & de tout
poinᵈᵗ

poinct equidistãt de son cẽtre, denote le retranchement des lignes diagonales & mitoyennes
& le terme ou doit commencer, passer, & abou-
tir la ligne faisant le costé du quarré P, Q, R, S,
equidistant des deux autres en double proportion & la vraye quadrature du cercle contenant
& contenu, d'ou resulte que 6. 9. egal à 4. 10. &
1.9. à A,P, d'une part, & B,Q, d'autre, la ligne P,
Q, passant iustement à l'angle 10. sur la ligne mitoyenne est l'equidistante requise.

Il faut entendre le mesme de toutes les lignes
qui sont ou pourroiẽt estre posees dans ou hors
la susdite figure en double proportion de capacité. Ce seul traict respondant au tout , tel est
l'effect de la science infuse & l'infinité de son o-
peration qui ne pourroit subsister en cette ega-
lité sans avoir acquis le vray poinct ou terme
de perfection.

Disons donc que comme la ligne E,F, est diagonale de I , L, aussi est celle 3. 4. de 4. 11. A,E,
de celle E,I, de mesmes 1. 6. de 6. 12. Partant l'e-
space 13. 12. egal à celui de 11.14. E. 6. 13. à E, Y,
d'une part, F,T, d'autre, diagonales de 4.14. qui
respond à 10.3. du cercle majeur, retranchement
qu'il convient faire de son demi diametre pour
rendre sa capacité quadrigulee selon que le
quarré acquis est par luy circulé.

Derechef par une reïteree demonstration fai-

B

te à l'opposite de la premiere , un second traiᑕ
tiré du centre,o, aboutiffant à l'angle 15.de la ligne C,D, l'espace 15.16. egal à C,2.l'un & l'autre à C. G , diagonale de la ligne 16. 17. icelle
respondant à 18.17. d'une part,& G,19. d'autre
de la ligne G, 17. qui est en mitoyenne proportion de capacité de celle C, 16.d'ou resulte que
la ligne 19. 18. l'est semblablement de 2. 15, auffi
feroit la perpendiculaire qu'on pourroit tirer en
l'espace 15.19. egale à celle de 16. 17. & l'autre
ligne de 2. 18. à la diagonale C, G. Or comme
le commun (c'est à dire le faux d'un mitoyen
ambidextre) respond aux deux extremitez, de
mesme la ligne 16. 17. à C,G, d'une part, & D,H,
d'autre,qui est proportion de 1.à 2. du simple au
double composé. Et pourquoy la premiere ligne o, 2.respondant à l'une extremité,l'exces du
diametre du cercle majeur 2.20. est double de 15
21. qui naist de la seconde ligne o, 15. felon que
la ligne C,D,excede celle de G,H,deux fois celle de 16. 17. Or la diagonale de 15. 21. est 19.22.
excez procedant du cercle mineur,la diagonale
de19.22. est 2,20. C'est la convenance & proportion qui doit estre necessairement entre ces figures: Car entre deux lignes en double proportion de longueur, la diagonale de la mineur est
comme mitoyéne entr'eux,les extremes respon-
dans aux extremes , le demi au demi: c'est pour-

quoy la ligne 2. 20. indique le retranchement
qu'il conviendroit faire du femi-diametre d'un
cercle qui pourroit immediatement preceder le
majeur de la figure propofee felon que 15.21.fait
celui du mineur 17.23.19. 22. reprefentant celuy
16. 24. & le tout l'armonie qui eft de l'un à l'autre, le conuexe du cercle majeur refpondant au
concave du mineur & au contraire par le moyen du centre commun entr'eux.

Duplication du Cube.

Ce qu'il convient à prefent eft de traicter fom-
mairent le fubject de la duplication du cube,qui
eft chofe fi facile à comprẽdre, que fi quelqu'une
avoit peu eftie avãt fon tẽps, & par autre moyen
que celui ordonné des toute eternité: Il y auroit
grãdement dequoy s'eftõner qu'ayant efté tant
& fi curieufemẽt recerchee des plus doctes Ma-
thematiciẽs,aucun n'ait peu percevoir le moyen
de l'obtenir: Pour y parvenir foit prefuppofé
que la ligne L, M, du cofté dextre de la figure
foit de deux pieds,fa quadrature fera 4. celle de
F, G, diagonale de la premiere 8. & 16. celle de
B,C,diagonale de la feconde,le double de ligne
de la premiere & le quatruple de fon nombre
quarré, huict fois le cubic : car celui de 2. eft
8. & de 4.64. Or comme le double du premier
quarré eft reduit au fimple du cubic,c'eft à dire,
que la premiere ligne L, M, contient cubique-

ment le mefme que fa diagonale F, G, en quadrature: La raifon veut que la quadrature de la
troifiefme & derniere ligne B, C, ait mefme re-
fpect à la feconde, que la feconde à la premiere.
Or cefte feconde eftant reduite à la premiere,
la tierce doit occuper non le lieu de la feconde, puis que l'efpace 25. 26. differe de 26. 27.
ains defcendre par les diagonales de 27. à 28.
efpace egal à celui de 26. 25. 25. 28. eftant
fa diagonale egalle à l'efpace de 26. 27. Po-
fant donc que la ligne B, C, fe foit reduite
a celle de 29. 30. auffi a fait fa valeur cubique
de 64. à 32. qui eft fa moitié, 32. quatre fois la valeur de 8. nombre cubic de la ligne L, M, felon
que celle de B, C, faifoit quatre fois fa quadrature qui eft 16. Or 16. de quadrature reduits à 64
cubiquement, & la ligne 29. 30 en côtenant 32. il
s'enfuit que les coftez de deux cubes en double
proportion de capacité font reprefentez par les
lignes 29 30. B, C.

Advenant qu'il reftaft quelque difficulté que
la ligne acquife 29. 30. ne demonftre le cofté du
folide mineur, B, C, faifant celui du majeur en
double proportion de capacité cubique; la raifon des mecaniques operations faites en la partie oppofite la levera entierement.

Sur ce convient noter qu'autres font les proportions de la feconde que de la premiere capacité. Car de deux quarrez en double propor-

tion de lignes, ainſi que D, A, N, I, celle H, E, eſt
comme ſeul medium entre leur capacité quarrée. De la cubique il n'en eſt pas ainſi, car de 8. a
64. il faut trouver 16. double de 8. & le $\frac{1}{2}$ de 32. &
32. double de 16. & le $\frac{1}{2}$ de 64.

Pour obtenir ces deux mediums il n'y a qu'à
faire une raiſonnable tranſpoſition oſtant du
plus l'excez propre au moindre defaillant pour
lui joindre, & par tel moyen aſſocier comme in-
ſeparablement le ſecond au premier reduiſant
ces deux en un, par une ſi parfaite proportion,
que le poinſt commun à tout, ſoit le ſeul terme
de leur difference, par la reigle des contraires,
& repriſe des choſes à rebours, pour paſſer du
faux ſeulement proche & (touſiours defaillant)
au vray de la perfeſtion qui conſiſte en choſe
reélle: Il faut eſlever le moindre & abaiſſer le
plus grand. Ce qui ſe fait en permutant leur lieu
& place, donnant au ſecond celle du premier &
au contraire, vray moyen qu'il faut tenir pour
obtenir ce qu'on deſire au ſubjeſt propoſé de
la duplication du cube.

Poſé que la ligne N, I, contienne deux pieds
de long & huiſt de capacité cubique celle
de D, A, ſera 4. & 64. Si du centre o, qui leur eſt
commun procedant par ordre reglé de degré en
degré, les angles de 34. 35. 36. 37. ſont rēcontrez
pourra il reſter quelque difficulté que les lignes

38. 39. & 41. 42. ne foient les equidiftantes re-
quifes ? Pour y parvenir felon que l'efpace 40.
34. eft tranfpofee & reduite à celle de 37. 36. &
celle de 37.40. a 36. 34. la ligne 41, 42. (egale à
celle de 29. 30. de l'autre part) foustenue estre
celle qui denote le premier medium acquis pour
obtenir l'autre par mefme voye que la prece-
dente , foit l'un des pieds du compas pofé fur le
centre o, l'autre eftendu fur l'angle 36. paffant à
dextre & à feneftre fait un quart de rond qui engendre fur les deux diagonales les angles & la
ligne droite 43.44. le fufdit pied du compas re-
traint à l'angle 45. fait autre quart de rond &
angle qui engendre la ligne droite 46.47. Or felon que 37. 40. eft la diagonale feparee de 40.
34. & 36.34. la côiointe de 34.40. ainfi eft l'efpace acquife 36.45. diagonale feparee de 45.48.&
35.48. la coniointe de 48.45. De mefme l'efpace
35.36. egale à celle 45. 48. & 35. 48. a 36.45. d'ou
s'enfuit que la ligne 38. 39. eft la feconde requi-
fe , puis qu'operant pour la troifiefme fois en
mefme maniere, la rencontre de 35.34. fe fait iuftement telle que celle de 36.35. & 37.36. Partât
celui qui entreprendroit de foustenir que les lignes acquifes 41. 42. 38. 39. ne denotent pas les
deux mediums cubics entre D, A, N, I, feroit le
mefme qu'un autre qui voudroit maintenir que
le centre de o, n'eft pas le vray milieu de la figu-

re propofée.

Quoy que ce qui vient d'eftre repreſenté de la duplication du cube ſoit tel qu'il ne puiſſe recevoir aucun raiſonnable contredit, ce qui ſuit par une differente operation quadrãt iuſtement aux termes de la premiere le peut confirmer: Mais le deſſein de propoſer ce ſecond moyen tend principalement à faire ouverture de pluſieurs beaux ſecrets cachez és ſciences Mathematiques:Car ſur la maxime indubitable qui va eſtre propoſée en conſequence d'icelle,nombre de bons effects ſeront produits au preſent ſiecle, qui ne l'ont eſté ny peu eſtre au precedant, ce fondement radical & correſpondance ligneale eſtant ignoré.

En la figure quarrée ſont ou doivent eſtre tirées quatre lignes principales iointes au centre qui correſpondent entr'elles, ainſi que l'entier au demi ſa premiere partie, deſquelles les deux plus grandes ſont dites diagonales. Ie nomme les moindres mitoyennes d'autant qu'elles ſont equidiſtantes des deux premieres en leur ſituation , n'ayant qu'une demie capacité d'icelles, toutes miſes en figure,& auſſi que l'extremité de ces petites aboutit au milieu de celles qui ſont le coſté du quarré : Au dedans duquel du nombre infini de lignes droites qui s'y pourroient tirer paſſantes de l'un à l'autre coſté de la figure

par son centre, il n'y en auroit aucune qui ne fust
moindre que lesdites diagonales, & plus grandes que les mitoyennes, ny plus que quatre egales entr'elles.

En l'espace de deux lignes qui soient en double proportiõ de capacité quarree, icelles mises
en figure ainsi que celles H, E, N, I, deux angles
peuvent estre representez en la mitoyenne qui
feront le milieu de deux lignes acquises faisant
le costé de deux solides en double proportion
de capacité cubique de deux autres representez
par les deux premieres lignes.

Pour obtenir ces deux angles il faut tirer u-
ne ligne sous N, I, qui ainsi que 49. 50. lui soit en
mesme proportion que N, I, a H, E, ce fait mar-
quer en la ligne mitoyenne les premiere & se-
côde diagonale & diagonale de diagonale conjointe de 51. 34. qui sont 45. & 35. La ligne de la
premiere qui est 43. 44. correspondant à H, E,
celle de 38. 39. à N, I.

Qui passeroit iusqués à la troisiesme diagonale de diagonale conjointe, rencontreroit iustement l'angle 40. milieu de la ligne H, E, la
quarte celui 36. medium de la ligne 41. 42. en
double proportion de capacité cubique de 38.
39. selon que D, A, l'est de la sienne, la cinquies-
me indicque le milieu de la ligne 53. 54. qui cor-
respond à H, E, selon que D, A, fait à 41. 42. &
l'angle

l'angle 37. à la fixiefme progreffion : Il faut en-
tēdre le mefme de toutes autres lignes qui peuvent eftre potentiellement pofees en mefme fi-
tuation, foit dans ou hors ladite figure : Car defcendant vers le centre ce fera en nombre infini,
fans iamais le pouvoir non plus atteindre qu'en
montant comprendre le non fini.

Les rencontres qui fe font par cette procedu-
re montant du bas en haut font que 55. 59. diagonale de 52. 58. parvient iuftement à l'angle 34.
49. N, diagonale de 51. 34. à 45. & ainfi confecu-
tivement. D'ailleurs la premiere diagonale conjointe ainfi qu'eft 51. 45. de 51. 34. en l'efpace mitoyen en reprefente une autre feparee renverfee
de mefme grandeur, felon qu'eft de 40. 45. fa
diagonale feparee, 45. 51. egale à 34. 40. celle de
51. 34.

Ceffant le deffein de traicter fommairement,
voici l'endroit convenable pour difcourir tant
de l'excellence des lignes, que de ce qui provient de leurs rencontres par la conjonction an-
gulaire, l'une des deux diagonales d'un quarré
(avec fon quart de cercle) renduë fixe, l'autre
mobile: Auffi feroit à propos de defduire pourquoy la ligne 0, 5. paffe fur le tiers de la diagonale 3. 27. qui eft l'endroit 61. pour mipartir celle
du cofté du quarré dont elle provient, 5. eftant
equidiftant de B, 27. Quelle utilité fe peut tirer

C

de ces chôfes? & encor,pourquoy le cofté de l[a]
ligne du quarré dont la capacité eft equidiftan[
te de deux autres en double proportion de qua
drature, ne differe que de $\frac{1}{9}$ de ligne du ma
jeur,refpondant à $\frac{1}{7}$ de racine quarree pour obte[
nir le medium de deux nombres en double pro[
portion, comme 2.1. qui eft 1. $\frac{4}{7}$ & la raifon d[u]
diametre à fa circonference 3. $\frac{13}{17}$ Car d'un nom
bre propofé ce qui provient de la premiere multiplication d'icelui avec fes individus, eft egal à
l'addition de tous fes nòbres,chacun d'eux multiplié cubiquement: Soit pris pour exemple le
premier nombre nom per 3. qui a en foi le per 2
& l'imper 1.joincts enfemble font 6.leur quadrature 36.Le cube de 3. eft 27.de deux 8.& de 1.1.
L'addition de 27. 8. & 1.eft 36.la fciëce des lignes
nombres,figures,& leurs côjonctions, cognoif-
fance des centres divers pour obtenir les mou-
vemens directs, retrogrades & leurs compofez
trepidans, manifeftera des chofes en leur temps
qui ne font non plus efperees que creuës pouvoir eftre produites par l'artifice mediat.

Tel folide pourroit eftre propofé duquel la
longueur, largeur, & hauteur feroient differen-
tes, ou fa figure compofée de nombre de lignes
d'inegales grandeurs, pour en obtenir un autre
en mefme forme & double proportion de capacité cubique, il n'y a qu'à mettre chacune ligne

en figure, & proceder felon qu'il vient d'eftre dé-
monftré, ou adjoufter le double d'icelles, ainfi
que D,A, eft de N,I,& 37.34.de 34.0. procedant
par double retrograde fuivant la premiere operation, ce qui reftera monftrera quelle doit eftre
l'augmentation de la premiere ligne pour en ac-
querir autre qui lui foit en double proportion de
capacité cubique. Quant au Globe il n'y a qu'à
pratiquer le mefme de fon diametre.

D'autant que par ce difcours abregé il eft fpe-
cialement traicté des deux figures circulaire &
quarree, confiderable comme plus que parfaite
& parfaicte: La clofture d'icelui fera une remar-
que de ce qu'elles ont de commun,c'eft que toutes figures peuvent croiftre ou diminuer egale-
ment ou non en longueur & largeur,fans perdre
leur qualité de triangle pentagone,octogone ou
autres: les circulaire & quarree eftans feules ex-
ceptees, qui ne pourroient parfaictement fubfi-
fter le rond rond, & le quarré quarré, fi leur
mouvement n'eftoit egal en tous fens.

C ij

ESCLAIRCISSEMENT

PAR OPERATIONS ET CAL-
culations numerales , & quelques prin-
cipes & fondemens d'icelles, avec la vra-
ye proportion du Diametre à la Circon-
ference, par M. Vander-Bist, *natif d'An-*
vers, sur la quadrature du Cercle, & du-
plication du Cube du Seigneur de la Leu.
Suivant sa figure Mathematique linea-
le, & son explication cy dessus.

PRemier que d'esclaircir la Qua-
drature du Cercle & double du Cu-
be , par les calculations des
nombres, il est necessaire de po-
ser quelques principes & fondemens pour y parvenir facile-
ment, & avec intelligence, ce qui est comprins
sommairement en ce qui s'ensuit.

Premierement fera monstré le moyen de sou- Principes
& fon-
demës.
straire partie, ou parties, des racines des nombres sourds irrationels, en capacitez quarrees,
correspondant aux Cubiques & autres , ce

qui fera verifié feulement par nombres rationels, quarrez & Cubics, & cefte verification
monftrera qu'en fouftrayant mefme partie de
racines des capacitez que des lignes, les reftans
font egaux, felon qu'ils le doivent.

Secondement fera verifié que la ligne diagonale d'un quarré bien qu'indifcible ou inexplicable, contient $1.\frac{1}{2}$, fois celle de fon cofté moins
une fimple, neufiefme partie de fa capacité, eftāt
mis en figure quarree.

Apres fera monftré que cefte $\frac{1}{9}$ de fubftraction
de fimple capacité, revient auffi a $\frac{1}{9}$ de fubftraction de ligne, par confequent a $\frac{1}{9}$ de fubftraction de racine quarree, cubique, ou autre : Et
que de là peut eftre conclu que cefte neufiefme
partie de ligne, eft l'exces de ce que le quarré
provenant du diametre d'un cercle, contient
plus en capacité que le cercle qu'il contient: par
confequent que la ligne reftant de ce retranchement mis en figure quarree, produit une capacité egale à celle du cercle ; & eftant tiree par
egale portion, c'eft à dire par la moitié de $\frac{1}{9}$ d'un
cofté du diametre, & par la moitié de $\frac{1}{9}$ d'autre
cofté, ces lignes monftrent és efpaces pararel-
logrames des quarrez majeurs & mineurs, en
double proportion de capacitez, la mitoyenne
capacité, qui revient entre 2.& 1.de capacitez à
$1.\frac{7}{11}$ de capacité, comme il fera monftrè par les
calculations en fon lieu.

La raifon de cefte ÷ de fubftraction fe trouve avoir fon fondement en l'efchelle ou progref-fion des nombres fimples, Algebraïques, ou fi-gurees, en multipliant le nombre quarré par fa geniture de racine, & lui adiouftant l'unité, fera trouvé qu'à ÷ de fubftraction refpond ÷ d'addi-tion.

Ces principes & fondemens pofez, il fera fa-cile à comprendre avec intelligence l'efclaircif-cement de la quadrature du cercle par les ope-rations numerales.

Pour y parvenir le moyen eft triple. Premie-ment en foubftrayant de la capacité du quarré procedant du diametre entier, & qui contient le cercle, ÷ de racine quarree, le refte fera le nom-bre en capacité d'un quarré egal à la capacité circulaire. Qua-dratu-re du cercle.

Secondement en foubftrayant du nombre que contient le diametre du cercle ÷ de ligne, le re-ftant fera le nombre pour la ligne d'un cofté du quarré, duquel la capacité fera egale à la capaci-té circulaire.

Tiercement pour fimplement obtenir la par-faite capacité circulaire, il ne faut que multi-plier la moitié de la circonference par le femi-diametre, le produit fera le nombre pour la ca-pacité circulaire, & fa racine quarree le nom-bre du contenu de la ligne d'un cofté du quarré felon Archi-medes.

egal au cercle.

Mais ici me pourroit quelqu'un(peu entendu és sciences Mathematiques) repliquer,le moyen de multiplier la moitié de la circonference,veu qu'elle n'est pas encore cognue,ny enseigné moyen de l'obtenir. Il sera facile, & par deux voyes requises & necessaires en la quadrature du cercle.

La premiere, Puis que la vraye capacité circulaire est trouvee par la substraction de $\frac{1}{7}$ de diametre,ou $\frac{1}{7}$ de racine quarree, de la capacité du quarré contenant le cercle,il ne faut que diviser ceste capacité circulaire par la quarte partie du contenu du diametre,le quotient fera le nombre pour le contenu de la circonference.

La secõde(ce qui est une excellẽce en cet œuvre)c'est qu'en substrayãt du nõbre que cõtient le circuit du quarré qui contient le cercle, provenant de 4. lignes chacune egal au diametre $\frac{1}{7}$ de racine quarree, le reste fera le nombre & contenu de la circonference.

Ainsi tous cercles se peuvent quadrer, aussi bien ceux qui ont le diametre discible, que ceux qui l'ont indiscible, comme ont les cercles majeurs, desquels les diametres sont prinses des diagonales des quarrez mineurs, & par consequent indiscibles; estant les lignes desdits quarrez mineurs discibles.

Car

Car tout ainſi què le quarré majeur eſt en dou- Eucli-de 2. pro.12. li. ble propoſtion de capacité au quarré mineur, tout de meſme eſt le cercle majeur en double proportion de capacité au cercle mineur. Partãt il ne faut que doubler la capacité du cercle mineur trouvée pour obtenir la capacité dudit cercle majeur.

Ou autrement ſoubſtraire du nombre ſourd irrationel de la capacité du quarré majeur ÷ de racine quarree, le nõbre reſtant fera la capacité ſourde irrationelle du quarré egal à la capacité du cercle majeur.

Finalement pour trouver la vraye correſpon-dance du diametre à la circonference, il ſera encores auſſi facile, puis que la circonference eſt cognue, de meſme le diametre. Il ne faut que diviſer le contenu de la circonference par celuy du diametre, le quotient fera ce qu'on cerche.

Ou autrement par deux voyes encores requiſes & neceſſaires en la vraye quadrature du cercle.

La premiere, en doublant la mitoyenne capacité, entre 2. & 1. de capacitez, le produit de cette duplication fera la meſme choſe.

La ſeconde, ſubſtrayez du contenu du circuit d'un quarré duquel la ligne de coſté egal au diametre du cercle, contient 1. ÷ de racine quarree,

D

le reſtant fera encores le meſme que deſſus, par
ce que vous aurez lors là circonference d'un
cercle, duquel le diametre n'aura qu'un.

Dupli-
cation
du cu-
be. Quant à la duplication du cube, Puis que ce
ſont deux figures mitoyennes, ayans en capacitez des nombres ſourds irrationels, entre deux
autres figures fondamentales en octuple proportion de capacité rationelle: & que leurs demonſtrations lineales procedent de diagonales
indiſcibles, il ſera difficile de luy donner autre
eſclairciſſement par Operatiõs ou Calculations
numerales, que par la diagonale du premier
quarré, faiſant la ligne de coſté du ſecond quarré, en adjouſtant ou ſubſtrayant les parties de
leurs capacitez cubiques qu'ils ont de plus ou
de moins.

Comme le ſecond cubic mitoyen en deſcen-
dant de haut en bas a correſpondance à la diagonale du premier petit quarré, ligne du ſecond,
(que nous imaginerõs eſtre le coſté d'une figure
cubique, comme nous ferons des autres quarrez
poſees & obtenues en la figure, & qui ſervent de
demonſtrations pour la duplication du Cube)
en prenant, comme en la quadrature du cercle,
1.$\frac{1}{7}$ fois ſa valeur plus $\frac{1}{7}$ de ſa capacité cubique,
leſquels $\frac{1}{7}$ ont encores origine & fondement au
nombre cubic en l'eſchelle ou progreſſion geo-
metrique cy deſſus alleguee.

Et le premier cubic mitoyen (encores en defcendant) a correfpondance à ladite diagonale
du premier petit quarré, ligne du fecond, en pre-
nant 1. $\frac{1}{7}$ fois fa valeur moins deux fois $\frac{1}{17}$ & $\frac{1}{17}$ de
plus, enfemble $\frac{11}{17}$ moins de fa capacité cubique.

Ou autrement par la ligne difcible dudit premier & petit quarré correfpondant en double
proportion de ligne au troifiefme & dernier
quarré. Le fecond cubic mitoyen encore (comme dit eft) a correfpondance à cefte ligne difci-
ble dudit premier quarré 1. $\frac{1}{7}$ de fois moins $\frac{1}{11}$ de
fa capacité cubique, proportion de 5. à 8.

Et derechef le premier cubic mitoyen (encores en defcendant) a correfpondance à ladite ligne difcible dudit premier quarré 1. $\frac{1}{7}$ de fois
plus $\frac{1}{11}$ de fa capacité cubique proportion de 4.
a 5.

Cefte mefme proportiõ eft en toutes les autres
figures cubiques tirees en la fufdite figure, car
tout ainfi que la ligne acquife 38. 39. double en
capacité la ligne N,I, tout de mefme fait la ligne
H,E, celle de 43.44. & pour l'obtenir en lui deter-
minant un nombre & operât comme deffus, on
obtiendra le nombre difcible de l'autre. Et ainfi
de tous en montant de la determinee iufques à
la feconde ligne, procedant en eflevation de
deux diagonales conjointes.

Et pour doubler un Globe, il ne faut que met-

tre fon diametre en figure, & proceder par mef-
mes operatiõs & calculations que deffus, par ce
moyen on obtiendra le fecond diametre pour
doubler le globe,lequel aura une mefme propor
tion au premier que les lignes cy deffus. Et en
foubftrayant $\frac{1}{3}$ de racine cubique (qui revient à
$\frac{1}{9}$ de ligne)de la capacité cubique,trouvee procedant du premier diametre, on obtiendra la
capacité du Globe doublé,comme le practicien
le pourra plus naïvement comprendre par les
calculations en fon lieu.

Calculations pour les principes & fondemens.

Pour facilement foubftraire partie,ou parties
de racines des nombres fourds irrationels , tant
quarrez,cubics qu'autres: il n'y a qu'à fouftraire
la partie du nombre total, & du reftant encore
la partie pour la racine quarree. Et pour la cubique trois fois la partie, & ainfi des autres , en
augmētant la foubftraction par progreffion pro-
portionale.

Exemple pour la racine quarrée du nombre
fourd irrationel.

Si du nombre en capacité quarree irrationelle 18. qui a ligne indifcible il faloit foubftraire
$\frac{1}{3}$ de racine quarree, ce feroit 10. de foubftraction, & 8. de refte en capacité irrationelle, par
ce qu'il a encores ligne indifcible.

Car $\frac{1}{3}$ de 18. eft 6.foubftrait du total,refte .. 12.

Plus $\frac{1}{4}$ de 12. est 4. soubstrait du premier restât, reste 8.

Exemple pour la racine cubique du nombre
sourd irrationel.

Si du nombre en capacité cubique irrationelle
32. qui a ligne indiscible, il falloit soubstraire $\frac{1}{4}$
de racine cubique, ce seroit 18. $\frac{1}{2}$ de soubstra-
tion, & 13. $\frac{1}{2}$ de reste en capacité irrationelle,
par ce qu'il a encores ligne indiscible.

Car $\frac{1}{4}$ de 32. est 8. soubstrait du total reste …… . … . . 24.

Plus $\frac{1}{4}$ de 24. est 6. soubstrait du premier restât, reste 18.

Plus $\frac{1}{4}$ de 18. est 4. $\frac{1}{2}$ soubstrait du secôd restât, reste 13. $\frac{1}{2}$

Que cette operation soit veritable peut estre
examiné par les nombres rationels, tant quarrez
cubiques, qu'autres.

Exemple pour la racine quarrée du nombre rationel.

Si du nombre en capacité quarree rationelle 16
qui a 4. de ligne, il falloit soubstraire $\frac{1}{4}$ de racine
quarree, ce seroit 7. de subtraction, & 9. de reste
en capacité rationelle, qui fait 3. de ligne.

Car $\frac{1}{4}$ de 16. est 4. soubstrait du total, reste ….. 12.

Plus $\frac{1}{4}$ de 12. est 3. soubstrait du premier restant, reste 9.
sa racine 3.

Preuve par la ligne.

Ostez $\frac{1}{4}$ de ligne de 4. de ligne, sçavoir 1. reste
3. de ligne, en capacité quarree, 9.

Exemple pour la racine cubique, du nombre rationel.

Si du nombre en capacité cubique rationel-
le 27. qui a 3. de ligne il falloit soubstraire $\frac{1}{4}$ de.

racine cubique,ce feroit 19. de fubftraction & 8.
de refte en capacité rationelle , puis qu'il fait 2.
de ligne.

Car ⅓ de 27. eft 9. foubftrait du total,refte ..... 18.
Plus ⅓ de 18. eft 6. foubftrait du premier reftāt,refte 12
Plus ⅓ de 12. eft 4. foubftrait du fecōd reftant, refte 8.
fa racine 2.

Preuve par la ligne.

Oftez ⅓ de ligne de 3. de ligne,fçavoir 1.refte
2.de ligne en capacité cubique 8.

Ceci monftre donc que d'un nombre par figure foubftrait mefme partie de racine que de la
ligne, les reftans font egaux (felon qu'ils le doivent) & que l'on le peut familierement & intel-
ligiblement obtenir auffi bien des nombres irrationels , que rationels, tref-neceffaire es operations & calculations fuivantes.

Pour verifier le fouftenu que la ligne diagonale d'un quarré, encores qu'indifcible ou inexplicable,côtient 1. ⅓ fois celle de fon cofté moins
⅓ de fa fimple capacité quarree , il le fera par
l'operation qui s'enfuit.

Soit determiné ou pofé au premier quarré en
la figure marquee I,L,M,N, 1.pied de ligne pour
commencer par l'unité, fa capacité quarree fera
auffi 1. car 1. demeure toufiours 1. Le fecond
quarré fondamental E,F,G,H,prins de la diagonale dudit premier,lui eftant en double propor-

tion doit contenir 2.en capacité quarree, sa ligne de costé diagonale du premier 1. soustenu faire 1.½ multiplié quarremēt, c'est à dire par 1.½ produit de capacité quarree 2.½ desquels soubstrait sa ½ partie, qui est ½ reste pour la capacité dudit second quarré E, F, G, H, 2. selon qu'il le doit.

Pour monstrer que ½ de simple capacité, revient aussi à ½ de ligne, par consequent à ½ de racine quarree, cubique ou autre. Fondemēt principal en l'esclaircissement de la quadrature du cercle par les nombres.

Il est vray & cognu à tous ceux qui entendent tant soit peu la Geometrie, que tout ainsi que le second quarré E, F, G, H, est en double proportion de capacité au premier quarré I, L, M, N, pour estre fait de la diagonale dudit premier: De mesme est le grand & dernier quarré A, B, C, D, en double proportion dudit secōd, pour aussi estre fait de la diagonale dudit second. Puis donc qu'estant determiné 1. pied de ligne au premier quarré I, L, M, N, sa capacité en fait 1. le second est dit & trouvé en faire 2. le troisiesme & dernier A, B, C, D, double du second en fait & doit faire 4. en capacité, qui quadruple le premier en capacité, & revient à la double ligne dudit premier, pour trouver ceci par les nōbres, & par la positiō dōnee à la diagonale du premier quarré,

faifant la ligne du fecond quarré 1.⅟₄ adjouftez
encore à 1.⅟₄ fa moitié ⅟₈ fomme 2.⅟₈ que nous po-
ferõs pour la ligne du dernier quarré , multiplié
quarrement produit 5.⅟₁₆ de capacité, defquels
foubftrait ⅟₁₆ de racine quarree(qui revient à ⅟₈ de
ligne)reftera 4. de capacité pour ledit grand &
dernier quarré A,B,C,D,& 2.de ligne,felon qu'il
le doit.

De là peut & doit eftre conclu que ⅟₉ de ligne
egal à ⅟₈ de racine quarree (ou autre) eft l'exces
que le quarré provenant du diametre d'un cercle contient plus en capacité que le cercle qu'il
contient, & que l'operation en doit eftre faicte
felon qu'il eft dit au fommaire cy deffus.

Cefte calculation ci deffus fera toufiours trouvee veritable par tel autre nombre que l'on voudra pofer ou determiner au premier quarré , en
reduifant la production de l'operation à l'unité
par le nombre determiné.

Pour monftrer la rencontre du fondement que
cefte ⅟₈ partie a en l'efchelle ou progreffion des
nombres fimples,Algebraïques ou figurees,foit
prins en ladite efchelle , du cofté de la figure, le
nombre quarré 4. multiplié par fa geniture 2.
produit 8.y adjoufté l'unité fait 9. Tellement que
pour reduire 9.nombre avec l'unité,à 8. nombre
fans unité il y faut foubftraire ⅟₉ partie, & au cõ-
traire pour reduire 8.à 9.il y faut adjoufter ⅟₈ partie

sie, d'ou resulte encores infailliblemēt que pour
obtenir un cercle egal en capacité à un quarré
proposé, qu'il ne faut qu'adjouster à la ligne du
costé du quarré proposé sa $\frac{1}{7}$ partie, ceste lōgueur
fera le diametre du cercle requis, comme il sera
monstré par les calculations qui suivent, qui seront faciles & intelligibles, ces fondemens estãs
bien conceus & compris.

Mais pour rendre ces calculations moins
penibles , & ne travailler tant es fractions ou
nombres rompus qui s'y peuvent rencontrer, le
practicien (peu versé es fractions) se pourra ser-
vir de la reigle de trois, comme il en trouvera ici
le fondement & l'instruction.

Premierement pour les soubstractions des
racines en capacitez quarrees soubstrayez du
nombre quarré 81, $\frac{1}{7}$ de racine quarree, selon l'instruction donnee cy dessus, restera 64. de maniere que 81. à 64. servira de proportion.

Pour donc soubstraire du nombre quarré
2 $\frac{17}{31}$, $\frac{1}{7}$ de racine quarree, il le pourra faire par la
reigle de trois en disant, puis que

81. sont reduits à 64. à combien seront reduits 2. $\frac{17}{31}$ faict à   2.

Secondement pour les soubstractions des racines en capacitez cubiques, soubstrayant du
nombre cubic 729. $\frac{1}{7}$ de racine cubique selon
l'instruction donnee cy dessus restera 512. tellement que 729. à 512. servira de proportion.

E

Pour donc foubſtraire du nombre cubie
2 $\frac{117}{256}$. $\frac{1}{9}$ de racine cubique,il le pourra encores fai
re par la reigle de trois en diſant,

729.donnent 512.combien donneront 2. $\frac{117}{256}$ facit..... 2
Et ainſi de tous autres.

Calculations pour la quadrature du cercle.

Soit pris en la figure le cercle mineur,& à ſon
diametre determiné 9.pieds de contenu en longueur, le quarré E,F,G,H,contenant ledit cercle
(pour eſtre fait de 4. lignes chacune egale audit
diametre) contiendra d'ayre ou capacité quar-
ree 81.deſquels foubſtrait $\frac{1}{9}$ de racine quarree reſtera 64.pour l'ayre ou capacité du quarré Y,T,
V, X. egal à l'ayre ou capacité dudit cercle mineur.

Ou autrement, foubſtrayez du diametre ſuſ-
dit de 9. $\frac{1}{9}$ partie qui fait 1.reſtera 8.pour la ligne
du coſté dudit quarré Y,T,V,X , leſquels multi-
pliez quarrement , c'eſt à dire par 8. produiront
64.comme deſſus,pour la capacité dudit quarré
acquis egal à la capacité circulaire.

En troiſieſme lieu , cerchez le contenu de la
circonference dudit cercle en diviſant ſa capacité 64.par la quarte partie de 9. ſon diametre,à
ſçavoir par 2. $\frac{1}{4}$ le quotient 28. $\frac{4}{9}$ fera le contenu
de la circonference.

Ou autrement par le contenu du circuit du-

dit quarré E,F,G,H, fait comme dit eſt de $\frac{1}{4}$. lignes chacune egale audit diametre de 9. 4. fois
9. produit pour ledit circuit 36. deſquels ſoub-
ſtrait $\frac{1}{2}$ de racine quarree, reſtera 28. $\frac{1}{2}$ comme
deſſus, pour ladite circonference.

Multipliez (ſelon Archimedes) la moitié de
la circonference maintenant qu'elle eſt trouvee,
à ſçavoir 14. $\frac{1}{2}$ par le Semidiatre 4. $\frac{1}{2}$ le produit
fera 64. pour la capacité circulaire, & ſa racine
quarree 8. pour la ligne de coſté dudit quarré
Y,T,V,X. qui quadre le cercle.

Et le nombre trouvé 64. en capacité, eſt le nombre mitoyen entre les capacitez dudit ſecond
quarré E,F, G, H, 81. en double proportion de
capacité dudit premier quarré I,L,M,N, 40. $\frac{1}{2}$

Pour maintenant trouver la capacité circulaire du cercle majeur, qui a ſon diametre indiſcible, puis qu'il eſt en double proportion du cercle mineur (comme dit eſt) il s'enſuit qu'en doublant ceſte premiere capacité trouvee 64. produira 128 pour la capacité dudit cercle majeur.

Ou autrement, puis qu'il eſt tout certain, dit
& trouvé que le quarré majeur A, B,C, D, eſt en
double proportion du mineur E,F,G,H, qui eſt
trouvé faire 81. le majeur en doit donc faire 162.
de capacité deſquels ſoubſtrait $\frac{1}{2}$ de racine quarree. reſtera pour le quarré P,Q,R, S,128, de capacité egal à la capacité dudit cercle majeur, & 128

eſt le nombre mitoyen en capacité entre ledit
quarré majeur A,B,C,D,162. en capacité, & dudit quarré mineur E,F,G,H,81. en capacité. Ainſi
tous cercles ſe peuvent quadrer à l'infini.

Finalement pour trouver la mitoyenne capacité entre 2.& 1. de capacitez, c'eſt autant que
de trouver la capacité circulaire d'un cercle contenu d'un quarré majeur, de 2. en capacité, qui a
ligne indiſcible, pour eſtre le double d'un autre
quarré mineur qui a 1. en capacité & 1. de ligne.

Poſez dõc pour le quarré mineur cettui de la figure I,L,M,N, 1. pied de ligne, ſa capacité quarree en fera encor 1. ſon quarré majeur celui de E,
F,G,H, en fera 2. deſquels ſoubſtrait $\frac{1}{2}$ de racine
quarree, reſtera pour le quarré mitoyen Y,T,V,X
1.$\frac{47}{81}$ de capacité, c'eſt ce que nous cerchõs, aſça-
voir le nombre mitoyen en capacité, entre 2. &
1.

Pour la proportion du diametre à la circonference, diviſez le contenu de la circonference
28.$\frac{4}{9}$ par le contenu du diametre 9. le quotient
3.$\frac{13}{81}$ fera ladite proportion cerchee & trouvee.

Ou autrement, doublez la mitoyenne propor-
tionale capacité entre 2. & 1. de capacitez, qui
eſt trouvee faire 1.$\frac{47}{81}$ produira 3.$\frac{13}{81}$ pour ladite
proportion du diametre à la circõference, com-
me deſſus.

Ou encores autrement, ſoubſtrayez de 4. que

fait le circuit d'un quarré duquel la ligne de coſté fait 1. ergo 1.de capacité $\frac{1}{7}$ de racine quarree le reſtant fera 3. $\frac{13}{11}$ pour la circonference d'un cercle duquel le diametre n'aura qu'un pied.

D'ou reſulte qu'en multipliant le diametre entier par ladite proportion de la circonference trouvee, le produit fera la circonference entiere.

Exemple.

Prenons un cercle duquel le diametre fait 8. pieds en le multipliant par 3. $\frac{11}{11}$ produira 25. $\frac{21}{11}$ pour ſa circonfererence. Ceci pour la quadrature du cercle.

Pour (au contraire) trouver un cercle égal
au Quarré propoſé.

Puis qu'il a eſté monſtré cy deſſus qu'à $\frac{1}{7}$ de ſoubſtraction, reſpond $\frac{1}{7}$ d'addition, il faut adjouſter à la ligne de coſté du quarré propoſé, une huictieſme partie de ſon contenu, & ſa ſomme fera le contenu pour le diametre du cercle requis.

Ou autrement, adjouſtez à la capacité du quarré $\frac{1}{7}$ de racine quarree & extrayez de la ſomme la racine quarree, ce qui en proviendra fera le contenu pour le diametre du cercle requis, comme deſſus.

Exemple.

Soit donné à la ligne de coſté du quarré pro-

poſé 8.pieds de contenu , eſquels adiouſté ſa $\frac{1}{8}$ à
ſçavoir 1. ſa ſomme 9. fera le contenu pour le
diametre du cercle requis.

Autrement.

Adiouſtez à la capacité dudit quarré propoſé
qui doit faire 64. puis qu'il a 8. de ligne $\frac{1}{8}$ de racine quarree, par la maniere qui s'enſuit.

Diſant $\frac{1}{8}$ de 64. font 8. adjouſté au total, ſomme ... 72.

Plus $\frac{1}{8}$ de 72. föt 9. adjouſté à la premiere ſöme, ſöme 81

Et la racine quarree de 81. eſt 9. pour le diametre du cercle requis, comme deſſus.

Mais ſi le quarré propoſé avoit une capacité
cognue, qui fuſt un nombre ſourd irrationel, duquel il eſt impoſſible d'extraire aucune racine iu-
ſte, & par conſequent a ſa ligne de coſté indiſcible ou inexplicable, comme ont les quarrez majeurs en double proportion de capacitez des
mineurs, lors que leſdits mineurs ont lignes di-
ſcibles , & au contraire comme ont les quarrez
mineurs, lors que les majeurs ont lignes diſci-
bles.

Il faut avoir recours au compas , & partir la
ligne indiſcible dudit quarré propoſé en huict
parties egales, & adiouſter à ladite ligne une d'i-
celles, ceſte ligne adiouſtee fera le diametre indiſcible dudit cercle requis , qui aura infailliblé-
ment une meſme capacité ſourde irrationelle
que le quarré propoſé. Ainſi que l'operation li-

neale, & la calculation des nombres cy deſſus le
monſtrent aſſez clairement.

Calculations pour le double du Cube.

Les lignes qui repreſentent les duplications
des corps ou figures ſolides, ou cubics, ſont
deux mitoyens, entre deux autres figures cubiques fondamentales en octuple proportion de
capacitez revenant à double proportion de ligne. Tels que ſont en ladite figure la ligne B, C,
& L, M, d'un coſté, ou en la partie oppoſite D, A,
& N, I, & leſdits mitoyens ſont trouvez par le
Seigneur de la Leu, & repreſentez l'une par la ligne 29. 30. d'un coſté de ladite figure , & en la
partie oppoſite celle de 29. 30. encore par 41.
42. & l'autre par 38. 39. Nous demeurerons en
ceſte partie oppoſite , puis que les deux milieux
y ſont, & commencerons la calculation des
nombres d'embas en montant, parce que la ligne 38. 39. premier medium eſt celle qui double
la premiere fondamentale N, I, & que celle de
41. 42. ſecond medium , double celle de 38. 39.
premiere trouvee, & que ceſte ſeconde trouvee
eſt doublee par celle de D, A, derniere fondamentale.

Nous commencerons donc par la ligne diagonale du premier petit quarré N, I, ligne du coſté du ſecond quarré H, E, (imaginé eſtre lignes

de corps folides) & poferons à la ligne N, I, 4.
pieds multipliez cubiquement produirent 64. de
capacité cubique, qu'il cōvient doubler, & trouver pour la capacité de la ligne 38. 39. (qui reprefente cefte duplication) le double de 64. faifant 128.

Ce que nous trouverons en prenant pour la
diagonale fufdite 1.$\frac{1}{7}$ fois la valeur de fa ligne de
cofté pofee & determinee à 4. 4. & fa moitié 2.
font 6. multiplié cubiquement produit une ca-
pacité cubique de 216. defquels fouftrait fa $\frac{11}{27}$ qui
revient à 88. reftera 128. de nette capacité cubique, au folide reprefenté par ladite ligne 38. 39.
premier medium cubic.

Et pour le fecond medium , qui double cefte
premiere trouvee, reprefenté par la ligne 41. 42.
Puis que cefte premiere eft dite & trouvee avoir
128. il faut trouver fon double afçavoir 256.

Nous le trouverons par mefme operation que
deffus, fauf qu'en lieu de $\frac{11}{27}$ de foubftraction, il y
faut appliquer $\frac{1}{27}$ d'addition, comme il eft dit au
fommaire cy deffus. La diagonale fufdite 6. mul-
tipliee cubiquement eft trouvee produire une
capacité cubique de 216. efquels adioufté fa $\frac{1}{27}$
qui revient à 40. fomme 256. de nette capacité
cubique au folide reprefenté par ladite ligne 41.
42. fecond medium cubic.

Ou autrement, par la ligne difcible dudit premier

mier & petit quarré, correſpondant au troiſieſme & dernier quarré du ſimple au double de ligne.

Soit prins 1 $\frac{1}{4}$ fois ladite ligne dicible N, I, poſee & determinee à 4. produira 5. leſquels multipliez cubiquement produiront une capacité cu-
bique de 125. eſquels adiouſté ſa $\frac{1}{43}$ qui revient à
3. ſa ſomme 128. ſera la nette capacité cubique
pour le ſolide repreſenté par ladite ligne 38. 39.
comme deſſus.

Et pour le ſecond mitoyen cubic, ſoit pris 1 $\frac{2}{5}$
fois ladite ligne N, I, poſee 4. produira 6 $\frac{2}{5}$ leſquels multipliez cubiquement produiront une
capacité cubique de 262 $\frac{18}{125}$ deſquels ſoubſtrait
$\frac{3}{111}$ qui revient à 6 $\frac{18}{125}$ reſtera 256. de nette capaci-
te cubique, pour ledit ſolide & ſecond mitoyen
doublant le premier trouvé, repreſenté par ladite ligne 41. 42. comme dit eſt encore cy deſſus.

Ceſte meſme correſpondance eſt & demeu-
re parfaite en toutes les autres lignes tirées en la
ſuſdite figure (repreſentãs des figures cubiques)
c'eſt à dire, tel que la ligne 41. 42. eſt à celle de
38 39. tel eſt celle de 38. 39. à celle de N, I, &
ainſi des autres.

D'ou s'enſuit que toutes autres figures cubiques, ſoit par telle forme & tant de lignes que
l'on les voudra repreſenter, peuvent eſtre doublez, en portant chaque ligne de coſté differen-

F

te en figure, l'augmentant felon l'inftruction lineale & numerale propofee, & remettant ces lignes augmentees en la forme du folide reprefenté, infailliblement on aura le double du corps
cubic reprefenté.

De mefme peut on auffi doubler un globe, en
portant fon diametre en figure, & l'augmentant
par les voyes cy deffus, l'on obtiendra le diametre parfait pour doubler le globe requis. Et en
foubftrayant de la capacité cubique trouvee
pour le fecōd diametre à doubler le globe, de
racine cubique (qui reuient à $\frac{1}{3}$ de ligne) le reftant fera la capacité du globe doublé, ce que
nous monftrerons par la calculation qui s'enfuit.

Exemple.

Soit propofé un globe à doubler, duquel le
diametre a 9. pieds, cerchez premierement la
capacité cubique dudit globe, par l'un des moyēs
enfeignez en la quadrature du cercle, que nous
mettrōs encore ici, pour n'avoir pas propremēt
parlé de la capacité cubique d'un globe, encore que cela foit affez intelligible de foy mefme:
Multipliez le diametre 9. cubiquement, produira
une capacité cubique de 729. defquels foub-
ftrait $\frac{1}{3}$ de racine cubique, refpondant à $\frac{1}{3}$ de
ligne, reftera pour la capacité du globe à dou-
bler 512. Il eft donc queftion de trouver le dia-

metre indicible pour faire un globe qui côtien-
ne en capacité 1024. double de 512. Pour l'obtenir soit le diametre de 9. pieds mis en figure, &
prenons pour sa ligne en la susdite figure la ligne H.E. procedons selon les instructions lineales & numerales tant de fois reïterees, nous ren-
contrerons la ligne 53. 54. pour le diametre qui
doit doubler ledit globe proposé, en correspon-
dance de 1⁴⁄₇ fois celle de H, E, diagonale du premier & petit quarré, moins ¹¹⁄₂₇ de capacité. Or 9 &
sa moitié 4⁴⁄₂ ensemble 13⁴⁄₂ multiplié cubiquement produirôt 2460³⁄₈ desquels soubstrait ¹¹⁄₂₇ revenant à 1002⁴⁄₂ reste 1458. de capacité cubique,
& de ce reste encores soubstrait⁴⁄₇ de racine cubique (egal à⁴⁄₉ de ligne) par les moyens ensei-
gnez aux principes & fondemens, restera 1024.
pour la capacité du globe doublé, & son diametre sera la ligne indiscible 53. 54. rencontré en la
figure, comme dit a esté.

D'une Table ici adjoustée,

CEste Table monstre les facits de la calculation de 9.
cercles quadrez, commençant par 1. en montant par
simple progression Aritmetique iusques à 9.

Premierement par 4. lignes ou espaces, pour
les Quarrez contenant les cercles.

1. La premiere ligne ou espace, monstre les contenus
des circuits desdits quarrez, correspondãs aux contenus des circonferences.

2. La feconde monftre les contenus des lignes de coſté defdits quarrez, egales aux diametres des cercles,

3. La troifiefme monftre l'aire ou capacité quarree defdits quarrez correſpōdant aux aires ou capacitez circulaires.

4. La quatriefme monftre les capacitez cubiques defdites figures, prins pour corps folides, correfpondans aux capacitez des globes.

Secondement par 4. autres eſpaces, pour leſdits
cercles contenus defdits quarrez,

1. La premiere eſpace monftre les contenus des circonferences, extraiĉes des contenus des circuits defdits quarrez.

2. La feconde monftre les contenus des diametres entiers defdits cercles, egales aux lignes des coftez defdits quarrez.

3. La troifiefme monftre les capacitez quarrees, egales aux capacitez circulaires, extraiĉes des capacitez defdits quarrez.

4. La quatriefme monftre les capacitez folides des figures cubiques, egales en capacitez aux globes, extraites des capacitez cubiques cy deffus.
Ou le tout par les autres moyens cy deffus alleguez.

Finalement encore deux autres lignes ou eſpaces,
pour les quarrez quadrans les cercles.

1. La premiere monftre les contenus des circuits, defdits quarrez.

2. La feconde le contenu de la ligne d'un cofté defdits quarrez.

TABLE

Quatre lignes pour les quarrez contenans les cercles:

Circuits.	4	8	12	16	20	24	28	32	36
Costez.	1	2	3	4	5	6	7	8	9
Capacitez Quarrées.	1	4	9	16	25	36	49	64	81
Capacitez Cubiques.	1	8	27	64	125	216	343	512	729

Quatre lignes pour les cercles contenus des quarrez.

Circonferences.	$3\frac{13}{81}$	$6\frac{26}{81}$	$9\frac{13}{27}$	$12\frac{52}{81}$	$15\frac{65}{81}$	$18\frac{16}{27}$	$22\frac{10}{81}$	$25\frac{13}{81}$	$28\frac{4}{9}$
Diametres.	1	2	3	4	5	6	7	8	9
Capacitez Circulaires	$\frac{64}{81}$	$3\frac{13}{81}$	$7\frac{1}{9}$	$12\frac{52}{81}$	$19\frac{61}{81}$	$28\frac{4}{9}$	$38\frac{58}{81}$	$50\frac{46}{81}$	64
Capacitez des Globes.	$\frac{512}{729}$	$5\frac{451}{729}$	$18\frac{26}{27}$	$44\frac{692}{729}$	$87\frac{577}{729}$	$155\frac{19}{27}$	$240\frac{656}{729}$	$359\frac{433}{729}$	512

Deux lignes pour les quarrez, quadrant les cercles.

Circuits.	$3\frac{5}{9}$	$7\frac{1}{9}$	$10\frac{6}{9}$	$14\frac{2}{9}$	$17\frac{7}{9}$	$21\frac{3}{9}$	$24\frac{8}{9}$	$28\frac{4}{9}$	32
Costez.	$\frac{8}{9}$	$1\frac{7}{9}$	$2\frac{6}{9}$	$3\frac{5}{9}$	$4\frac{4}{9}$	$5\frac{3}{9}$	$6\frac{2}{9}$	$7\frac{1}{9}$	8

CONCLVSION.

Oici donc *la Quadrature du Cercle & double du Cube*, heureusement rencontrée par le Seigneur de la Leu, & par une si familiere demonstration lineale, que le moindre entendu és sciences Mathematiques, le pourra aussi familierement comprendre que le plus Docte: car sa *Maxime fondamentale* est telle, qu'elle n'a jamais esté contredite par ceux mesmes qui ont estimé la quadrature du Cercle impossible, qui est qu'ayant trouvé *Vn Quarré mitoyen proportionel en capacité entre deux Parallelogrames en double proportion*, on a obtenu la vraye Quadrature du Cercle, Estant iceluy *Quarré mitoyen en capacité, égal à la capacité Circulaire*. Que ce quarré mitoyen soit trouvé ces consequences le monstrent lesquelles de prime face sembleront estre du tout macaniques, mais estant bien examinées, on y trouvera des raisons appuyées de fondemens Mathematiques, que si le docte Mathematicien n'est satisfait d'icelles, qu'il applique son gentil esprit en la recerche de la raison des lignes & angles, representés en la susdite figure, dont il n'est fait aucune mention en ce discours abregé, je m'asseure quil y trouvera dequoy se contenter.

Venant de là aux nombres, puis que la capacité de ce quarré mitoyen acquis, égal à la capacité circulaire, rend une si parfaite proportion *Rationelle* du diametre à la circonferéce, qu'en multipliant la moitié de l'un par la moitié de l'autre, il produit la capacité Circulaire égal à celle dudit quarré, peut il rester aucune difficulté?

Si en aprofondissant de plus en plus ceste raison de la circonference du cercle à son diametre, quelle plus belle & admirable perfection pourroit on desirer d'icelle, sinó que le nombre proportionnel en capacité, entre 4. & 2. de capacitez, donne la parfaite circonferéce du cercle duquel le diametre a 1. Et que tout ainsi que le circuit du quarré provenant dudit diametre 1. est quadruple de sa capacité: Tout de mesme est la circonference quadruple de la capacité du cercle qui a pour diametre 1.

En outre, tout ainsi que le circuit, & la capacité du quarré, dót le costé est 4. sont representez par un mesme nombre, de mesme & la circonference & la capacité du cercle dont le diametre fait 4. veulent aussi estre representez par un mesme nombre.

Et cela non seulement par la susdite raison du diametre à la circonference, mais aussi par les correspōdances de l'une des capacitez à l'autre, & du circuit du quarré à la circōferēce du cercle.

Qui sont encores telles que $\frac{1}{9}$ substrait du circuit du quarré
provenant du diametre, donne pour reste le circuit d'un quarré
qui egale en capacité celle du cercle, & du circuit dudit premier
quarré acquis, autre $\frac{1}{9}$ en acquiert un second, dont le circuit est
egal de tout poinct à la circonference dudit cercle, d'où resulte
que quatre lignes droites mises en figure quarrée peuvent aussi
estre representées egales à une circonference proposee soit que
son diametre soit dicible ou indicible, car tout ainsi que le premier quarré est obtenu par la substractiō de $\frac{1}{9}$ de racine de capacité (respondant à $\frac{1}{9}$ partie de ligne) de mesme peut estre obtenu
ledit second.

Raisons & proportions certes admirables, & qui font encores
que tous cercles par diametres explicables representez ont nombres rationels en capacitez, & qui par nombres rationels don-
nent aussi nombres rationels aux circonferences : Et qui finalement satisfont au soustenu de quelques doctes Mathematiciēs,
Que le quarré provenant du semidiametre d'un cercle, soit en
mesme raison à la capacité circulaire que le diametre à la circonference.

Que dirai je de la *Duplication du Cube*, si facilement rencontrée par six espaces entre deux cubes rationels en octuple proportion, si parfaites en proportion de l'un à l'autre, qu'en montant de la moindre rationelle, par deux lignes, on rencontre par
une mesme operation pour la troisiesme celle du milieu de la capacité quarrée : Et en descendāt de la grande rationelle par deux
autres lignes, derechef on rencontre pour la troisiesme celle
mesme, avec une si parfaite harmonie entr'eux, qu'on pourroit
aussi tost objecter le centre n'estre pas le vray milieu du cercle,
que refuser que les deux lignes acquises l'une en montant de celle du mitan de la premiere capacité quarree & l'autre en descen-
dant *Tousiours en egale proportion*, ne soient les vrais milieux
requis, & iusques ici ignorez. Ayans tous une mesme proportion numerale, qu'en montant d'une determinee à la troisiesme
par deux lignes de diagonales conjointes, on obtient la ligne &
le nombre requis : Vrayement ceste chose est bien si facile & intelligible, qu'il y auroit dequoy s'estonner si elle eust peu estre
avant son temps, selon que l'Autheur le recite.

Cela estant ainsi ferme & stable, il faut qu'il verisie encore la

quadrature du cercle, car en doublant un Globe par son diametre, ou par la ligne du Cube qui represente en capacité celle dudit Globe, en subftrayant du diametre qui sera acquis pour doubler le Globe sa $\frac{1}{9}$ partie, ou adjouftant à la ligne qui sera acquise pour la duplication du Cube sa $\frac{1}{8}$ partie, les deux se rencon-
trêt en mesme poinct & terme, & seront lesdites parties de l'une
& l'autre ligne acquises, egales comme elles le doivent.

Et d'autant qu'on peut ici objecter l'invention de ce grand &
admirable efprit d'Archimedes, de 7. à 22. depuis tant de siecles
en usage, ne revenant que de 1. à $3\frac{1}{7}$ & encores selô son opinion
& plusieurs autres ; quelque peu moins, & qu'au contraire il
eft monftré eftre plus. Il ne sera pas hors de propos d'examiner
ici cefte mecanique recerche, de partir un diametre en 7 parties
egales ; la verité eft qu'on en trouvera en la circonference 22.
d'icelles, & quelque peu moins, mais qui partira ledit diametre
en 14. parties égales, il en trouvera en la circonference 44. d'i-
celles, & ce peu moins entierement gaigné. Et s'il partit derechef le diametre en 28. parties égales, il en trouvera en la circonference 88. d'icelles & quelque peu plus, & ainsi par progrés
infini, d'autant que plus le diametre a de parties, plus il s'eftend
vers sa circonference, mais autre chose eft de descendre du majeur au mïneur, que de monter du nombre mineur au majeur,
c'eft donc encore par cefte ditte raison mecanique monftrer
eftre plus, comme font 1. à $3\frac{11}{14}$. L'utilité que nous devonsespe-
rer de cefte parfaite mesure du Cercle & de sa capacité, avec
tant de parfaites & admirables rencontres, j'en laisse le juge-
ment aux Doctes Mathematiciens, qui bien toft auront comprins que les nombres 81. à 256. font tellement rationels qu'ils
produifent apres l'unité les premiers nombres, nompair, & pair,
3. & 2. pour reduire & le cercle & le diametre à ladite unité.

Ie finiray donc ici cefte *Conclufion*, par sa premiere utilité qui
eft, Que le Docte Aftrologue, Geometre, & Mecanique Arti-
san, tous égaux en ce poinct, au lieu de ladite pofition d'Archi-
medes de 7. à 22. Pour obtenir la parfaite & vraye capacité
d'un cercle ou d'un Globe, duquel les quantitez de leurs dia-
me tres seront cognus. Il suffira de dire, *Si 9. font reduits à 8. à
combien tant le facit multiplié par soy produira la capacité circulaire, & le produit encore par le facit, demonftrera la Capacité
du Globe.*

F I N.

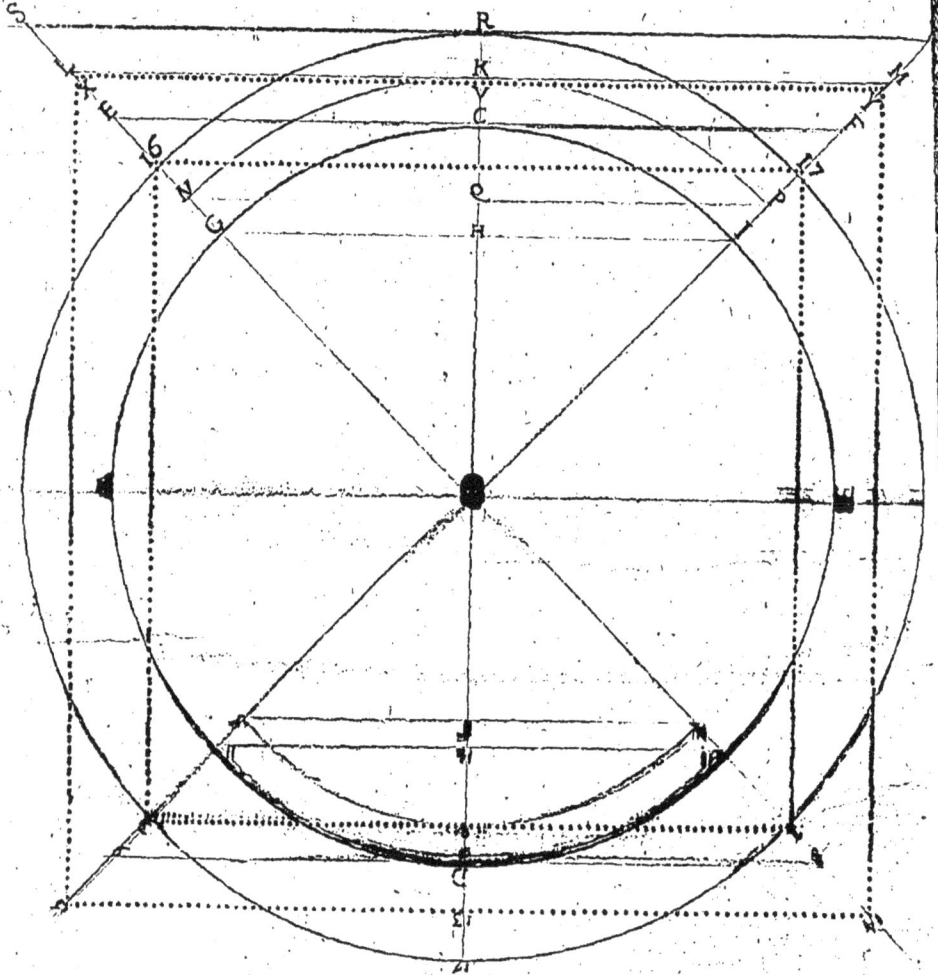

Duplication ⚬ du ⚬ Globe

M.V.B.

XPLICATION PAR M.
*Vander-Bist, sur la figure Mathematique linea-
le, pour trouver la duplication du Globe, & l'esclaircissement d'icelle, par calculations numerales.*

Oit tiré le petit cercle pour representer
le Globe qu'on desire doubler, & de son
diametre A. B. (ou C, D.) la ligne E, C.
F, parallele audit diametre A, B, representant une ligne du costé du cubic majeur contenant ledit Globe, & de la semidiagonale E, O, la ligne G, H, I, representant une ligne du costé du cubic mineur contenu dudit Globe.

Pour donc prolonger le semidiametre O, C. en
proportion requise pour doubler ledit Globe representé.

Soit prins sur la diagonale l'espace G, E, & porté
sur la ligne mitoyenne de H. à K. & soit tiré par le
poinct K. la ligne L. K. M. & par un pied de compas au centre O. le quart du cercle N. K. P. & la ligne N. Q. P.

Derechef soit prins sur ladite diagonale l'espace
N. L. & porté sur la ligne mitoyenne de Q. à R. la
ligne acquise R. O. egale à R. S. d'une part, & R. T.
d'autre, sera le semidiametre requis, pour doubler le
Globe representé.

Et partissant ladite ligne acquise R. O. en 9. parties egales, substrayant une d'icelles, d'elle acquise,

G

reſtera la ligne V. O. egale à V. X. d'une part, & V. Y. d'autre, ladite ligne X. V. Y. fera la ligme du coſté du corps cubic (repreſenté par ſa figure X. Y. 14. 15.) egal en capacité cnbique au Globe doublé.

Autrement au coſté oppoſité de ceſte figure.

Soit tirée la ligne 1.2.3. procedant de la quadradrature du petit cercle, laquelle repreſentera la ligne du coſté du Cubic egal au Globe repreſenté (par ledit petit cercle) comme fait ſa figure 1. 3. 16. 17.

Pour prolonger ceſte demie ligne 1. 2. egale à O. 2. en proportion ou longueur requiſe pour doubler en capacité le cubic ſuſdit egal au Globe repreſenté.

Soit tiré par un pied du compas au centre O. le quart du cercle 4. 2. 5. & la ligne 4. 6. 5. repreſentant la ligne du cubic mineur contenu, comme celle de 1. 2. 3. repreſente le cubic majeur contenant du cercle entier: repreſenté par ledit quart 4. 2. 5.

Soit prins ſur ladite diagonale l'eſpace 4. 1. & porté ſur la ligne mitoyenne de 6. à 7. & ſoit tiré par le poinct 7. la ligne 8. 7. 9. & par un pied du compas au centre O, le quart du cercle 10. 7. 11. & la ligne 10. 12. 11.

Derechef ſoit prins ſur la diagonale l'eſpace 10. 8. & porté ſur la mitoyenne de 12. à 13. la ligne 13. O. (& ſeconde acquiſe) egale à 13. 14. d'une part, & 13. 15. d'autre, fera la demie ligne de coſté pour doubler le corps cubic egal au Globe repreſenté. Et fera ceſte ſeconde ligne acquiſe encores egale au restant de la premiere acquise opposite O,V, & seront ensemble la ligne entiere du costé cubic, egale au Globe doublé representé par 14.15.X.Y.

Finalement partissez ceste seconde ligne acquise 13.O, en 8. parties egales, & adjoustez une d'icelles à ceste seconde acquise, vous obtiendrez celle de 17. O, pour l'autre moitié du diametre, egal à O,R, opposite & premiere acquise, qui feront ensemble le diametre entier R,17. en sa vraye proportion & longueur pour doubler le Globe representé comme le grand cercle entier le monstre.

L'esclaircissement par calculations numerales.

Il couvient premierement trouver par calculation la capacité du Globe donné à doubler. Et pour l'obtenir soit posé à la ligne E,F, egale au diametre dudit Globe A,B, $4\frac{1}{2}$ pieds de contenu, lesquels multipliez cubiquement produiront $91\frac{1}{8}$ de capacité cubique pour le solide majeur representé par ladite ligne E, F, desquels soustrait $\frac{1}{9}$ de racine cubique (revenant à $\frac{1}{9}$ de ligne) restera 64. de capacité audit Globe donné, qu'il convient doubler, & par consequent trouver une capacité cubique de 128.

Ce que nous obtiendrons en multipliant le nombre posé $4\frac{1}{2}$ pour la ligne E, F, par $1\frac{1}{4}$ (l'une de ses proportions) produira $5\frac{5}{8}$ lesquels multipliez cubiquement produiront $177\frac{501}{512}$ esquels adjousté sa $\frac{3}{12}$ revenant à $4\frac{139}{512}$ somme $182\frac{1}{4}$ de capacité cubique pour le solide majeur du Globe doublé, representé par la ligne S.R.T. desquels substrait $\frac{1}{9}$ de racine cubique, restera 128. de capacité au Globe doublé representé par le grand cercle.

Autrement au costé opposite de la figure.

Soubstrayons du nombre posé 4.$\frac{1}{7}$ pour la ligne E,F,$\frac{1}{7}$ de ligne, restera 4. pour la ligne 16. 17. egale à 1.3. en la partie opposite de la figure representant la quadrature du cercle, (par consequent le cubic, en capacité egal au Globe donné) lesquels multipliez cubiquement, produiront 64. de capacité cubique, pour le solide 1.3.16. 17. egal en capacité au Globe donné, representé par le petit cercle.

Et pour le doubler soit multiplié le nombre 4. de la ligne 1.3. par la mesme proportion susdite 1.$\frac{1}{4}$ produira 5. lesquels multipliez cubiquement produiront 125. esquels adjousté sa $\frac{3}{125}$ sa somme 128. fera la capacité du cubic 14. 15. X, Y, egal au Globe doublé, representé par le grand cercle, comme dit a esté.

www.ingramcontent.com/pod-product-compliance
Lightning Source LLC
Chambersburg PA
CBHW071346200326
41520CB00013B/3117